GASTON LECOUTEY

DU

PLATRAGE

DES VINS

Prix : 1 franc

PARIS

IMPRIMERIE ET LIBRAIRIE CH. NOBLET

13, RUE CUJAS, 13

1888

GASTON LECOUTEY

DU

PLATRAGE

DES VINS

PARIS

IMPRIMERIE ET LIBRAIRIE CH. NOBLET

13, RUE CUJAS, 13

1888

PLATRAGE DES VINS

ᴸᴇs progrès de la chimie dans le domaine industriel sont tels que, depuis quelques années surtout, le public n'est disposé à voir dans la plupart des produits alimentaires que des préparations faites dans les laboratoires. Le laboratoire municipal cependant offre au point de vue de la santé publique des garanties suffisantes. D'autre part, l'Académie de médecine, toujours en éveil, s'occupe avec une sollicitude très louable de tout ce qui intéresse l'alimentation. Il n'y a donc pas lieu de conclure comme d'aucuns à un empoisonnement général.

A part les procès scandaleux qui se sont terminés par la condamnation bien méritée des personnages incriminés, si l'opinion publique s'est émue, c'est surtout à cause des questions controversées qui journellement sont discutées à l'Académie de médecine. Au lieu, dans ces questions, de se faire une opinion juste en tenant compte des arguments pour ou contre, le public, enclin, disons-le franchement, à l'exagération, n'a vu qu'une chose, l'opinion des plus pessimistes.

* *
*

Parmi ces questions, celle du plâtrage des vins est depuis longtemps à l'ordre du jour. Différentes circulaires ministérielles se sont occupées de réglementer la façon de procéder des viticulteurs; des protestations se sont produites qui ont modifié ces circulaires ou en ont suspendu les effets; il y a là, comme on peut en juger, un problème intéressant à résoudre.

Dès 1856, le Comité consultatif d'hygiène s'occupait du plâtrage des vins; en 1858, sur ses conclusions, M. le garde des sceaux tolérait d'une façon absolue cette opération. En 1866, d'autre part, l'Académie des sciences reconnaissait, sur le rapport de M. Chancel, que, « dans la pratique, le plâtre est ajouté à la vendange en saupoudrant le raisin au moment du foulage ». Ainsi, cet usage, depuis longtemps répandu dans la plupart de nos vignobles, s'est trouvé consacré et par le Comité d'hygiène et par l'Académie des sciences.

Quels sont donc les effets du plâtre sur le vin?

Si le sulfate de chaux entraîne certains principes azotés qui peuvent être nuisibles à la conservation du vin, il a surtout pour effet de faire passer dans le vin une partie de l'acide tartrique qui, sans l'opération du plâtrage, resterait dans le marc. L'acide tartrique, on le sait, anime la couleur du vin et assure avec efficacité sa conservation. C'est là le but poursuivi.

Dans cette opération, le plâtre transforme en sulfate de potasse la majeure partie du bitartrate de potasse contenu dans le marc; c'est-à-dire qu'il y a dans le composé potassique échange d'acide sulfurique et d'acide tartrique et, par conséquent, mise en liberté d'acide tartrique, qui demeure dans le liquide. Mais il reste dans le vin du bisulfate de potasse résultant des différentes combinaisons qui sont déterminées par l'action du plâtre; or, c'est justement la présence de ce sel qui a donné lieu à la publication de récentes circulaires ministérielles réglementant le plâtrage et aux protestations qui en ont été la conséquence.

Si en 1856 le Comité d'hygiène reconnaissait que, d'après les données de la science, il n'y avait pas à considérer le vin, dans la préparation duquel le plâtre était intervenu, comme pouvant apporter un trouble appréciable dans la santé, de nouveaux travaux l'ont déterminé à infirmer cette déclaration. Une consommation quotidienne de vin plâtré peut amener à la longue des maladies et des troubles fonctionnels plus ou moins graves; c'est du moins ce qui a été remarqué depuis quelques années, non pas à la suite d'expériences faites sur des individus, mais après une étude approfondie, déterminée par des réclamations. Les hôpitaux militaires et civils surtout, après la constatation des mauvais effets du vin plâtré, se sont occupés d'en proscrire l'usage.

La question se trouve donc maintenant nettement posée : le plâtre, mêlé au vin, est préjudiciable à la santé; il y a donc lieu d'en défendre l'emploi. Voilà, du moins, l'opinion de l'Académie de

médecine et du Comité consultatif d'hygiène de
France.

Ces conclusions ont vivement impressionné nos
viticulteurs; l'application de ces théories devenait
pour eux une cause de ruine : les chambres de com-
merce et les syndicats de Béziers, Bordeaux, Car-
cassonne, Laval, Lyon, Montpellier, Saint-Quen-
tin, Senlis, Toulouse, etc., ont vivement protesté.
Il n'y avait pas à considérer comme quantité négli-
geable ces protestations; aussi un *modus vivendi*
a-t-il été adopté. L'emploi du plâtre est toléré dans
des conditions telles que le vin opéré ne doit pas
contenir plus de 2 grammes de sulfate de potasse.
Nous ne pouvons qu'approuver cette détermina-
tion, tant au point de vue des intérêts vinicoles qui
se trouvent suffisamment respectés ainsi, qu'au
point de vue hygiénique.

* * *

Si les consommateurs n'étaient pas suffisamment
protégés par l'emploi déterminé du plâtre, il n'y
aurait pas à hésiter, il faudrait le prohiber d'une fa-
çon absolue. Ce n'est heureusement pas le cas ; les

rapports ne sont pas arrivés à nous convaincre en-
tièrement de la nocuité du plâtrage. En effet, les con-
clusions du Comité d'hygiène, qui a traité à deux
fois cette question, ne sont pas basées sur des faits
absolument probants. La science, dit M. le docteur
Gallard, dans son premier rapport, ne possède pas
d'observations détaillées, suivies jour par jour,
d'individus devenus malades par suite d'une con-
sommation journalière de vin plâtré. D'autre part,
la façon de procéder des hôpitaux civils et mili-
taires qui, comme nous venons de le dire, se sont
occupés de restreindre, pour leurs vins, l'emploi du
plâtre, ne peut servir d'argument dans l'espèce :
les sujets sur lesquels des observations ont été faites,
observations qui ont déterminé dans les hôpitaux
des mesures administratives, n'étaient pas dans des
conditions entièrement normales pour que le Co-
mité d'hygiène en tire parti dans ses conclusions :
tel aliment, dont l'innocuité n'élève aucune objec-
tion, peut porter cependant préjudice à un malade.
Aucune observation jusqu'à présent ne peut donc
s'appuyer sur une expérience ; car, dans une ques-
tion aussi capitale, qui met en jeu les intérêts de la
plupart des départements du Midi, il ne peut être

question d'un cas exceptionnel : M. Legoùest, dans la séance du 3o mai 1880, a signalé au Comité d'hygiène un exemple d'accident de superpurgation qui s'est produit à trois reprises différentes sur la même personne, par suite de l'usage de vin plâtré; il ne s'ensuit pas de là que la santé publique soit compromise.

Des analyses ont été faites : qu'observons-nous dans ces analyses? Dans certains vins naturels d'une authenticité parfaite on peut rencontrer, ajoute M. le docteur Gallard, une certaine quantité de ce sulfate de potasse, appelé communément plâtre dans les analyses commerciales, dont la nocuité est reconnue! Le vin, dont on a toujours vanté les principes généreux et fortifiants, n'est donc plus une boisson hygiénique; au contraire, sa consommation, au bout d'un certain temps, peut amener des accidents dans l'organisme. Logiquement, c'est la conclusion qu'il y aurait à tirer de cette observation; jamais cependant l'usage d'un vin naturel n'a engendré ni maladies ni troubles.

N'y aurait-il pas lieu, en conséquence, de trouver bien pessimiste la façon de conclure du Comité consultatif d'hygiène, et ne faudrait-il pas voir dans la situation du rapporteur une tendance, involontaire évidemment, à empirer les choses? Jamais un homme bien portant n'a consulté un médecin sans être convaincu d'être un peu malade.

*
* *

Un autre argument, qui vient à l'appui de la thèse que nous soutenons, mais auquel nous n'attachons aucune importance, est basé sur une statistique qu'il serait très simple d'établir. Puisque M. Legouest nous a signalé le cas d'une personne tombant malade par suite de la consommation d'un vin plâtré, ne pourrait-on pas lui opposer le nombre d'individus, dans nos départements du Midi, qui, malgré un usage quotidien, n'ont jamais ressenti les moindres atteintes d'une maladie provenant de l'influence du sulfate de potasse sur l'organisme? Et cependant nous concluons que le vin ne doit être plâtré que jusqu'à concurrence de 2 grammes. Seulement, au lieu de voir une tolérance dans cette mesure, nous estimons que cette nécessité est un droit absolu. En augmentant la dose du plâtre, puisque des objections ont été faites sur l'opportunité de l'emploi du sulfate de chaux dans les vins, il pourrait se produire, nous le reconnaissons à la rigueur, des inconvénients. Cette réglementation, tout en respectant les intérêts des viticulteurs, calme donc les craintes du Comité consultatif d'hygiène.

Il est évident qu'il n'est pas possible de se dispenser de plâtrer les vins ; certaines qualités ne doivent leur conservation qu'à cette opération ; mais il n'est pas nécessaire de les plâtrer avec excès. Du reste, le Comité d'hygiène tout le premier reconnaît que le plâtrage donne au vin des qualités dont on ne pourrait le priver sans nuire aux intérêts de la production et du commerce. Avec deux grammes, l'expérience le prouve surabondamment, le vin se conserve : le but est donc atteint.

Le plâtre, au point de vue de la coloration, étant un agent d'une certaine intensité, les viticulteurs ont intérêt à forcer la dose. Les réclamations qui se sont produites pour que la tolérance fût supérieure à deux grammes proviennent uniquement de cette raison. L'augmentation de l'intensité de la couleur dans ces conditions n'apportant aucun élément nouveau pour la conservation du vin, la tolé-

rance, ou mieux le droit de plâtrer jusqu'à concur-
rence de deux grammes est donc suffisant, puisque
n'importe quelle qualité se conserve à ce dosage.

***

Dans une récente séance à l'Académie de méde-
cine, il a été donné lecture de deux mémoires adres-
sés par MM. Hugounenq et Calmettes sur des es-
sais en vue de substituer au plâtrage des vins ou le
phosphatage des moûts ou leur tartrage. Des expé-
riences ont été faites; le tartrage et le phospha-
tage n'offrent, paraît-il, aucun danger pour la santé
publique, et ces nouveaux procédés, tout en produi-
sant sur le vin les mêmes effets que le sulfate de
chaux, n'en ont pas les inconvénients. De plus, ces
deux procédés ont pour effet de diminuer dans le
vin, déclare M. Armand Gauthier dans le rapport
qu'il a présenté à l'Académie de médecine sur le
phosphatage et le tartrage des moûts, la proportion
des alcools supérieurs, qui sont des substances
nuisibles, de clarifier le vin, d'empêcher qu'il soit
altéré par les fermentations secondaires, de lui don-
ner une belle coloration, sans affaiblir ou changer

son bouquet et sa sapidité, d'assurer sa conserva-
tion, de le rendre facilement transportable, enfin d'y
introduire des sels utiles à la nutrition. Il serait in-
téressant, en conséquence, de se livrer à des expé-
riences en grand ayant pour base l'une ou l'autre
des deux méthodes préconisées. Mais jusqu'à pré-
sent il est impossible de se prononcer, et le plâ-
trage des vins par le sulfate de chaux n'est pas en-
core remplacé.

*
* *

Comme nous l'avons dit précédemment, si la no-
cuité du plâtre dans le vin était absolument recon-
nue et si, d'autre part, l'opération du plâtrage
n'était pas une nécessité, il est évident qu'il faudrait
défendre cette façon de procéder. Au-dessus de
toutes les discussions et de toutes les compétitions,
il faut placer la santé publique. Aussi réprouvons-
nous toute tentative dont le prétexte est une amé-
lioration. Nous avons été surpris de lire dans une
publication récente, faite par des personnes dont la
compétence mise au service des bonnes causes seu-
lement est incontestable, le moyen de déplâtrer les

vins, c'est-à-dire d'éliminer du vin le sulfate de potasse que le plâtrage a produit. L'enfer est pavé de bonnes intentions. La réussite des opérations chimiques qu'il faut faire subir au vin pour atteindre ce but demande une attention soutenue, une certaine dextérité que les ouvriers des caves, malgré toute leur bonne volonté, ne pourront acquérir qu'après une longue pratique et de nombreuses erreurs. Pour notre part, nous n'encouragerons pas cette innovation.

*
* *

Il nous faut, en terminant, attirer l'attention de M. le ministre du commerce sur la facilité avec laquelle entrent, en France, les vins qui se trouvent sous le coup de mesures prohibitives. Le conseil consultatif d'hygiène a maintes fois réclamé, pour protéger la santé publique, la création de laboratoires dans nos bureaux de douanes ; ces laboratoires existent, mais il est certain que leur fonctionnement ne se fait pas avec une régularité qu'on aimerait à constater. Beaucoup de vins étrangers ayant plus de deux grammes de sulfate de potasse et, par conséquent, ne se trouvant pas dans des conditions normales arrivent journellement dans nos gares. Avant la dénonciation du traité de commerce par l'Italie, le marché était couvert de vins dits de Riposto, plâtrés avec excès.

Puisque le plâtrage des vins est réglementé, il ne faut pas qu'il y ait deux poids et deux mesures, et que les viticulteurs étrangers soient favorisés au détriment de notre production nationale.

18 juillet 1888.

Paris. — Imprimerie de Ch. Noblet, 13, rue Cujas. — 1888

28